I0503481

Interfighter

Up-grade your mind

Alejandro G. Vera

2

Índice:

Capítulo Cero: "Sinopsis".

A pesar de la complejización de la informática, el usuario promedio de ordenadores no aprovecha al máximo las utilidades de su equipo (excepto al correr juegos, video en HD, etc.)

El concepto de página web es simple. Una compilación de información con links entre diferentes pantallas, que crean un *simulacro de complejidad*. No obstante todos sabemos que la información que una página web nos brinda dista mucho de la complejidad de los conceptos presentados en los libros. La utilización de archivos .pdf (por ejemplo) viene a suplir dicha carencia.

Pero ¿Qué pasaría si hubiera una herramienta que detectara palabras dentro del código HTML, y cada palabra en sí fuera un link a una "World wide resource file"?

Dentro del nivel llamado "lenguaje objeto" una palabra clickeada nos llevaría a su definición de diccionario. Un submenú nos daría una orientación más precisa sobre que área del conocimiento queremos abarcar. Hasta aquí nada nuevo.

Lo que **InterFighter®** propone (además de esta disposición del lenguaje objeto con solo clickear) es una expansión a diferentes niveles de metalenguaje donde, seleccionando una oración apartada del texto, se nos brinde la interpretación de la misma en tres niveles:

1) *Guess what!®*

2) *My meaning!®*

3) *Gnosis!®*

Clickeando en la opción *Guess what!®* La herramienta brinda interpretaciones libres de la frase, donde la *deixis* del fragmento separado del contexto tendrá indicadores caprichosos. Por ejemplo, clickeando en la oración:

-"El perro huele mal..."

Y seleccionando la opción *Guess what!®* el sistema dará la interpretación acorde al nivel de inteligencia artificial seleccionado (16 bits, 32 bits, etc.). Una interpretación podría ser:

"El perro posee poca capacidad para oler".

O tal vez:

"El perro tiene mal olor".

Sí, esto es obvio. Pero incrementando el nivel de "Awareness" del sistema, el mismo nos indicaría por ejemplo que el sujeto "perro" no es indicativo de ningún objeto del espacio de "lo real" en particular, ya que está fuera de contexto; yendo ya al plano de lo semiológico, y mostrando como el significante está disociado del significado, y como la mente funciona internamente. Lo novedoso es que uno no debe seguir el texto con el pensamiento, sino que es el pensamiento quien es "leído" por el texto.

Es obvio también que esta herramienta sería poderosísima y "way too far from" las anticuadas páginas web. Pero lo bueno es que las páginas no deberán cambiar ya que **InterFighter®** es un motor en sí, un complemento para la navegación web.

Pero…¿Cómo crear un archivo de tantas y tan variadas categorías e interpretaciones?

Es simple. **InterFighter®** funciona mediante conectores lógicos pertenecientes a un sub-programa llamado *Syn-Appsize!®*. este sub-programa esta desarrollado para crear significados para cada significante. Lo que implica que *Syn-Appsize!®* es multilenguaje y habla todas las lenguas del mundo. Por ejemplo el significante para "Caballo":

caballo. (Del lat. *caballus*, caballo de carga; cf. gr. καβάλλης, galo *caballos*, búlgaro ant. *kobyla*). m. Mamífero del orden de los Perisodáctilos, solípedo, de cuello y cola poblados de cerdas largas y abundantes, que se domestica fácilmente. || 2. Pieza grande del juego de ajedrez, única que salta sobre las demás y que pasa oblicuamente de escaque negro a blanco, dejando en medio uno negro, o de blanco a negro, dejando en medio uno blanco. || 3. Naipe que representa un caballo con su jinete. || 4. burro (|| armazón para sujetar un madero que se asierra). (...) fr. montar a caballo. ▫ V. aguisado de a ~, alma de ~, cepa ~, cola de ~, cuerpo de ~, diente de ~, mozo de ~s, mozote de ~, uña de ~.[1]

Decía que el significante para esta palabra no es la palabra "caballo", sino la imagen de un caballo.

Un diccionario de 10.000 palabras tendría alrededor de 50.000 significados (5 por cada significante). Significados más complejos implicarían la creación de "significantes visuales" también más complejos. Conectores, concordancia, sintaxis, género, etc. serán deducidos del conjunto y no producto de "la ilusión de comunicación" que implica la *deixis* en el lenguaje

---

[1] Microsoft® Encarta® 2007. © 1993-2006 Microsoft Corporation. Reservados todos los derechos.

ordinario. *Syn-Appsize!®* es el sistema de pensamiento más antiguo del mundo.

InterFighter® "aprende" de sus usuarios. Si el usuario utiliza más la conexión sináptica entre caballo (como significado) y "hombre" (como significado), y esto lo lleva a pensar esta suma como "caballero" (meta-significado), el sistema subirá el nivel de prioridad de dicho meta-significado.

Caballero: Caballo+Hombre, En sí no significa nada, pero "caballo hombre" significa aún menos, pasando al plano de los sub-significados. El lenguaje poético admite tantas interpretaciones que pasa al plano de los significados negativos.

Clickeando en la opción *My meaning!®* el sistema nos lleva al significado más cercano a la tendencia de pensamiento del usuario. Esta opción dará al usuario la posibilidad de personalizar la visión de las páginas web, así como también su contenido. *My meaning!®* no solo nos lleva a un significado comprensible para el usuario. Lo que esta opción brinda es lo que el usuario piensa.

Clickeando en la opción *Gnosis!®* el sistema nos lleva a significados más intelectuales, académicos, religiosos. Con *Gnosis!®* el usuario podrá no solo acceder a definiciones variadas de cualquier tema, imagen, etc. Sino que tendrá el punto de vista de otra mente. Una *mente virtual*. Cuando el usuario active la opción *Gnosis!*® a su vez, en consecuentes submenues tendrá opciones como: visión mística, experiencia, niño, genio, esquizofrénico, y muchas más.

InterFighter® es un navegador con un poderoso "sistema de pensamiento virtual" programado en Java, lo que lo hace multi-plataforma.

En síntesis:

Lo que **InterFighter**® propone es un sistema de navegación web inteligente, que dispone de una base de datos común, que recopila y analiza acepciones lingüísticas; recrea el lenguaje mediante una forma de pensamiento virtual nunca antes vista, customiza la información de páginas web sin necesidad de que estas cambien, y mucho más.

Mediante *Syn-Appsize!*®, **InterFighter**® analiza, linkea, sintetiza, aconseja, enseña y piensa; además de mostrar diferentes puntos de vista. Es la herramienta perfecta tanto para quién estudia formalmente como para quién desee aprender de la web e incorporar nuevos conocimientos de una manera más fácil y sintética.

De esta manera las páginas web pasan a un nuevo nivel de interés y relevancia: lo que el usuario busca y piensa, es pensado de antemano por *Syn-Appsize!®*.

Con **InterFighter®** no solo se navega por la web, es una herramienta de "up-grade" para disfrutar al máximo desde un blog hasta las páginas más complejas, sin necesidad de que estas cambien en absoluto.

InterFighter® y sus aplicaciones como *Syn-Appsize!®* son la nueva dimensión por descubrir. Su computadora no solo será una herramienta de búsqueda, más allá de las grandes ventajas que presentan los buscadores como Google, etc. Su computadora será como un extremadamente experimentado bibliotecario que, además lee su mente a niveles más acertados a medida que la usa.

El *ThinkingEngine!®* de **Interfighter®** sintetiza el modo de pensar de los humanos, que dista mucho de la diacronicidad de los libros. La mente abre caminos diferentes todo el tiempo, el simulacro de lectura nos lleva a una comprensión de conceptos que ya estaban dentro de uno. La categorización es el aprendizaje. Quien lee un libro se lee a si mismo. Mediante **InterFighter®** no solo se aprenderá a pensar de otra forma, la mente del usuario llegará a niveles solo conocidos por los genios. La conciencia abrirá las puertas de la evolución del pensamiento. **InterFighter®** no solo es el futuro, es el futuro del futuro.

Si quiere llegar a un nuevo nivel de inteligencia y conocimiento, no dude en contactarnos.

InterFighter® Up-grade your Mind!

Alejandro Gonzalo Vera

Capítulo Uno: "**InterFighter®** y sus aplicaciones".

En la realidad actual, la informática avanza a pasos agigantados. Lo que hasta hace dos décadas (ínfima cantidad de tiempo dentro de la historia del hombre) era una promesa de comunicaciones globales más fluidas y entretenimiento masivo ha dado sus frutos. El equipo que hoy uso para escribir este texto, hace diez años me habría costado una fortuna. Tanto software como hardware informático han avanzado muchísimo, no obstante, se puede observar que las aplicaciones que el usuario común da a sus equipos no se condice con la complejidad de la tecnología que dicho usuario posee. Las herramientas informáticas llegan a su límite cuando se aplican a video-juegos con gráficos realistas y simulación de realidad, o cuando se desea ver, por ejemplo, televisión en alta definición.

Parece ser que la tecnología ha llegado a su tope de optimización, o tal vez que las ideas se están agotando. Ideas simples que anteponen lo social por sobre lo complejo son las creadoras de aplicaciones exitosísimas como Facebook, Twitter, Taringa, etc. El próximo paso parece ser más cercano a lo creativo que a lo altamente tecnológico. Pero ¿Por qué no pensar una herramienta que convine lo social, lo intelectual y lo lúdico con la tecnología más avanzada? Pensando de esta forma nació **InterFighter®**.

En el capítulo cero he dado una preview del concepto de **InterFighter®**; es menester ampliar detalles importantes para una mejor apreciación de lo que esta potente herramienta ofrece.

Básicamente **InterFighter®** es un programa que, una vez instalado, utiliza *applets* para customizar las páginas de Internet que el usuario visite. Esta es solo una de las apliciones de **InterFighter®**. Además de agregar contenido a las "dated" páginas web, el programa brinda definiciones tanto de palabras aisladas como de frases y de textos completos. También ofrece material audiovisual sobre prácticamente cualquier tema que se toque en las páginas visitadas. Una *resource mundial* guarda datos de todos los temas buscados por el usuario y linkea las páginas con otras páginas relacionadas. Hasta aquí nada muy diferente a lo que ofrece Google. Sin embargo **InterFighter®** es diferente. Este no es un motor de búsqueda, sino que es un "bibliotecario virtual". Pero ¿Qué significa esto?

Mediante su motor de *inteligencia virtual* llamado *Syn-Appsize!®*, **InterFighter®** aprende las preferencias del usuario, pero además enseña, ya que muestra significados desde distintos puntos de vista. La mente virtual de **InterFighter®** es creada a cada segundo por sus usuarios. *Syn-Appsize!®* es un simulador de inteligencia virtual que se basa en estrategias de aprendizaje usadas por los humanos.

Cuando el usuario aplica **InterFighter®** a su búsqueda, no solo está corriendo un programa, está accediendo a una nueva dimensión de aprendizaje y de esquemas mentales. Un libro corre información diacrónicamente mientras desplazamos los ojos por las letras e incorporamos la información que previamente teníamos como una incógnita en lo que Piaget llamó "conflicto cognitivo". Un libro brinda información específica sobre un tema específico. Esto es bueno, ya que accediendo a una biblioteca se accede a información variada y a la vez específica. Lo que **InterFighter®** ofrece es aprendizaje sincrónico además de la tradicional lectura lineal de los libros. Esta sincronización se logra empatizando el medio de lectura con la mente del lector, ya que cuando uno lee, la mente apela a definiciones y "métodos" preaprendidos. Lo que **InterFighter®** ofrece es enseñar a pensar de una manera diferente a la convencional. Brinda puntos de vista, tanto académicos como populares. No es Wikipedia, va aún más allá y engloba al concepto ofrecido por la famosa enciclopedia *on-line*.

La palabra "educar" proviene (Del lat. *educāre*). tr. Dirigir, encaminar, doctrinar.[2] Y precisamente es lo que **InterFighter®** propone. Además del entretenimiento y ampliación de recursos informativos propone dirigir, encaminar, doctrinar al usuario a lo largo de su búsqueda de sabiduría en Internet.

Este es el próximo paso en tecnología. Los ordenadores dejan de ser solo una herramienta y pasan a ser los conductores de *lo real* en tanto que cognoscible y *lo virtual* pasa al terreno de lo cotidiano definitivamente.

Sin embargo, aún no queda claro qué es lo que demanda una mayor utilización de los recursos tecnológicos de los que dispone el usuario común.

A medida que **InterFighter®** crece, crecen también sus recursos. A lo largo de los avances de la *inteligencia artificial, Syn-Appsize!®* recrea mejor y mejor aún el modo de pensar de los humanos. El ordenador pasa a ser una compañía, donde hombre (o mujer) y máquina se funden en uno para desarrollar la mente a un nivel jamás visto.

---

[2] Microsoft® Encarta® 2007. © 1993-2006 Microsoft Corporation. Reservados todos los derechos.

Así como el hombre inventó la rueda para desplazar elementos pesados y evitar el esfuerzo, mediante *Syn-Appsize!®*,

el usuario se vale de **InterFighter®** para evitar esfuerzos en el pensamiento, logrando mayor eficiencia en lo laboral, intelectual y (por que no) en lo espiritual. *Syn-Appsize!®* es una máquina de pensamiento virtual, lo que significa que mediante su uso, una persona no solo tendrá pensamientos más complejos y acertados sino que tendrá diferentes puntos de vista a la vez. Lo que significa que una mente valdrá por varias mentes. Usted podrá tener una reunión con usted mismo en sus diferentes facetas para discutir que posición es la correcta con respecto a un tema puntual. La "*Eterogénesis mental sincrónica*" será la nueva forma de pensar. Ya no importará si se es inteligente. Mediante el uso de **InterFighter®** la inteligencia global será un modelo promedio.

La visión a futuro de este proyecto parece no tener límites y lo que el usuario podrá lograr mediante **InterFighter®** y sus aplicaciones será mejorar su mente, su forma de pensar, de aprender y lograr disociar pensamientos aislados para recrear la obra maestra de su vida. **InterFighter®** lo hace posible. Lo imposible se hace posible en el plano virtual, y como es este plano el que nos atañe:

¡Nada es imposible!

Capítulo Dos: "*Syn-Appsize!®* y la inteligencia virtual".

La *inteligencia virtual* es un tema en boga en el día de hoy. La fantasía de un ordenador que piense por sí mismo se ha visto plasmada hasta el hartazgo en libros de ciencia ficción, películas, etc. El principal error al tratar de desarrollar un tipo de inteligencia artificial es querer intelectualizar a la "máquina". Cuantas veces se ha oído decir que una computadora puede realizar cálculos que a un humano le llevarían años, o siglos realizar. Esto en sí no significa nada, ya que también se podría decir que existe maquinaria que puede levantar el peso que diez mil hombres no levantarían. De hecho una medida de fuerza de los motores es conocida como "caballos de fuerza". Está claro que la mente matemática sirve a muchísimos objetivos, pero dista abismalmente de lo que conocemos como pensamiento. El hecho es que la mente humana parece no ser tan lógico-matemática como se cree. Mi pregunta es: ¿Por qué habría de serlo? ¿No es la matemática en sí una invención de los humanos? Partidarios del sistema matemático de pensamiento podrían argumentar que el hombre crea sus herramientas a la medida de sus necesidades. La mente es distinta de la matemática. La matemática es una herramienta de un sistema de múltiples herramientas y "métodos" llamado *mente*.

No es mi intención realizar una explicación sobre qué es la *mente*[3] sino introducir al lector en aspectos de la génesis de *Syn-Appsize!®* y de cómo se puede simular el pensamiento humano.

Los humanos, a diferencia de las computadoras, no pensamos en números. Los valores que generamos para identificar objetos, definiciones, recuerdos, sentimientos y demás no funcionan con un código binario. Creer que la *mente* es de esa forma es ingenuidad. La mente piensa en secuencias pre-diagramadas que formulan la percepción de lo que el sujeto llama *realidad.* En una primera instancia el "hardware humano" solo posee el "lenguaje máquina". Debe aprender de cero. Pero este lenguaje máquina, a diferencia del *software básico* de una computadora, ya posee todos los significados, significantes, acciones, y métodos posibles. De esta manera, aprender es descartar "métodos" que no serán de utilidad. Este proceso es conocido como "poda sináptica". El sujeto en estado "niño", crea su universo a través de una lectura de un mapa incomprensible. Al principio no distingue fondo de foco,

---

[3] Quien esté interesado sobre el tema puede comenzar con "Filosofía de la mente" de Lowe, "Introducción a la lógica" de Irvin Copi, "Perlas del Imalaya" de Vimala Takar (por ejemplo).

movimiento de quietud, etc. Para el sujeto en estado "recién nacido", las leyes de la Gestalt no se aplican aún. Los diferentes reflejos (succión, micción, sueño) son el *paquete básico,* y según el entorno, el sujeto niño descarta clasificaciones que ocupan mucha "memoria física" para fortalecer las *conexiones sinápticas* que son de su interés. Así al llorar consigue que lo alimenten y demás. Esto es básico. Pero ¿Cómo se puede aplicar esta forma de inteligencia a los ordenadores comunes? Para esto se desarrolló *Syn-Appsize!®.*

Syn-Appsize!® utiliza patrones de pensamiento de los usuarios, descartando los patrones menos usados. En un esquema básico de comunicación se da la siguiente estructura:

Emisor→Pregunta→[Ruido]→Receptor(accede a un corpus de conocimiento pre-existente o genera la respuesta en el momento). Receptor→respuesta→[Ruido]→Emisor(Asimilación, acomodación, etc.).[4]

Lo que se observa es que la respuesta, o bien ya existía en el *corpus* del receptor previamente, o es

---

[4] Asimilación y acomodación son fases del proceso de pensamiento según Piaget. Al asimilar se recibe el mensaje y se lo decodifica, al acomodar se es capaz de utilizar lo aprendido en una situación original. Esto resuelve el previo conflicto cognitivo, lo que lleva a una nueva stage de aprendizaje.

generada a través de recursos del receptor, pre-existentes también. A mayor tiempo de respuesta, mayores posibilidades de responder más acertadamente.

Entonces inferimos que una respuesta es posiblemente una declaración de un *conocimiento previo;* una mera transmisión de datos por parte del "servidor" al "cliente". La otra posibilidad es que la respuesta sea el producto de un *razonamiento* por parte del receptor. Viendo de esta forma el proceso de comunicación se está más cerca de la *simulación de pensamiento.*

Así piensa *Syn-Appsize!®* :

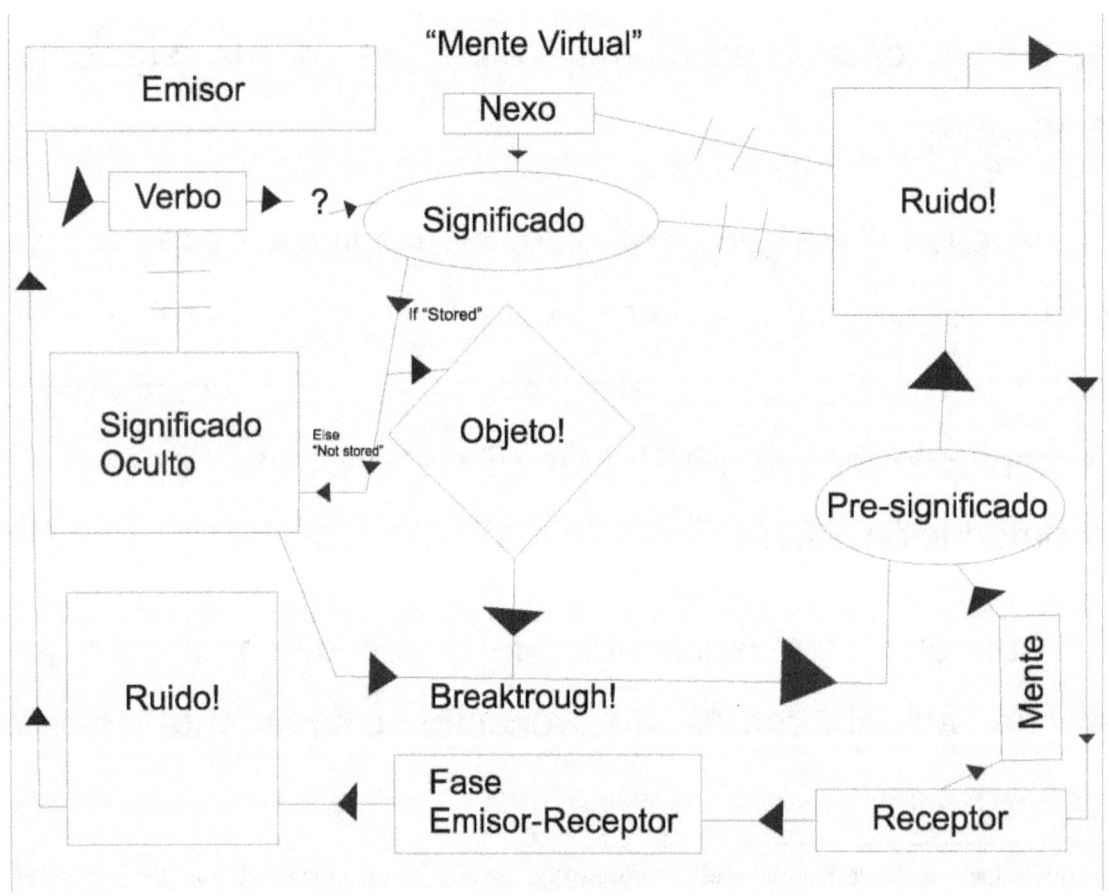

Veamos una descripción del gráfico y cómo funciona esta "mente virtual":

1) El emisor transmite su pregunta[5] mediante la expresión verbal.

2) La pregunta es en sí un significado.

3) El significado es influenciado por entidades sintácticas, como la anexión[6].

4) "If stored" significa si está guarda la respuesta a la pregunta, se pasa al lenguaje objeto (Centro del gráfico). Este lenguaje objeto explica o responde a la pregunta y se llega a la etapa *Breaktrough*(descubrimiento).

5) "Else not stored" significa que en el caso de que la respuesta no fuera un significado guardado, la pregunta no es pasada al lenguaje objeto, y pasa a la etapa de significado oculto (que también desemboca en *Breaktrough*).

6) Tanto del lenguaje objeto como del significado oculto se codifica un pre-significado que es influenciado por la mente del receptor. En el caso de que la respuesta fuera un significado tan diferente del *corpus de conocimiento* del receptor que no pudiera ser

---

[5] Según esta teoría toda emisión se clasifica como pregunta.
[6] El nexo en este caso es un ejemplo de morfema de un significado en el caso de que los significados sean tan complejos como para necesitar anexiones.

codificada, *Syn-Appsize!®* se encargará de formular el "método" para la comprensión del lenguaje oculto[7]. Antes de que este pre-significado llegue al receptor, se pasa por una etapa de ruido. Puede ser por ejemplo, un texto en un idioma diferente al del receptor, errrores de sintaxis, etc. *Syn-Appsize!®* asimila el fenómeno de ruido al igual que los humanos. Siempre entre emisor y receptor existe el ruido, es por eso que *Syn-Appsize!®* se encarga de recrear la mente virtual del emisor/receptor, lo más acertadamente posible.

7) Emisor y receptor se complementan y son parte de un mismo sistema. La entrada y salida de datos es simultanea.

8) Las flechas indican el sentido del flujo de información y las dobles líneas cruzadas indican que no hay conexión causal entre las referencias.

Entonces lo que una interacción simple define es si el sujeto activo (cliente) consigue lo que el pasivo (servidor) posee. El desconocimiento del *corpus de conocimiento* genera preguntas menos agudas, cuanto mayor es la información brindada por el solicitante, mejor es la

---

[7] Borges dice que los indios no podían ver las biblias de los misioneros, tal era su desconocimiento que no podían objetivar la imagen obtenida como respuesta. Jorge Luis Borges, "El libro de arena".

respuesta. No hay mejor respuesta que lo que uno quiere escuchar.

La *intencionalidad del sistema* es el grado de respuesta pre-coordinada por parte del sistema antes de ser realizada la pregunta por el usuario. Esto da el efecto de lectura de mente. *Syn-Appsize!®* parece adivinar lo que buscamos, y esto se debe por una parte a que posee repuestas pre-establecidas y por otra, a que almacena datos de preguntas pre-realizadas por los usuarios.

Este *sistema de pensamiento asistido* es lo que denominamos *pensamiento virtual.* Cuando uno está leyendo un texto, por ejemplo de una página web, una respuesta a nuestros conflictos cognitivos está en existencia pasiva en algún lugar del *corpus informativo mundial.* El fin último de *Syn-Appsize!®* es conectar los textos con el significado exacto que se está buscando. **InterFighter®** enseña mediante ejemplos, y aprende de la misma manera.

Capítulo Tres: "El ordenador que simula leer la mente".

La simulación de lectura de la mente es un fenómeno casi tan antiguo como el lenguaje. La lectura de la mente está basada en atribuir a una persona los pensamientos referidos a una percepción en común entre adivinador y adivinado (por así llamarlos). Así, si ambos están mirando una misma fotografía es probable que (en cierto nivel de pensamiento) estén pensando lo mismo. De hecho así es. Si ambos miran un paisaje de bosques verdes, es un hecho que ambos están pensando en bosques verdes. El secreto está en recrear imágenes tan específicamente descriptivas que la única acepción posible sea la enunciada por el adivinador. En ilusionismo este fenómeno se conoce como "forzar". El mago *forzará* al espectador para que seleccione la carta que él a pre-aprendido, creando una *ilusión de adivinación*.

Por otro lado, por ejemplo, si yo escribo la palabra "sí" en un papel, y doy a usted la opción de decir "si" o "no", puede ocurrir lo siguiente. Si usted dice "no", no hay coincidencia; pero si dice "sí" yo le muestro el papel, y se está ante un caso de "adivinación". Obviamente una coincidencia no es lo mismo que una adivinación, y además: ¿En qué se relaciona esto con la computación y con **InterFighter®**?

La *causalidad fortuita* es el nombre que he dado a la interpretación de una acción que se realiza en sincro con otra, y que solo por ese hecho se cree relacionada a la primera. Ejemplo: Si usted vio tres partidos de futbol de su equipo favorito y además de ganar su equipo, en sincro, usted usó los mismos lentes de sol ese día, podría optar usted por usar este método como una Cábala.

Esa es básicamente la definición de *causalidad fortuita*[8] .

La *mente humana* tiende a crear estos links entre situaciones todo el tiempo, creando un *simulacro de sincronicidad* entre hechos aislados, lo que permite a la mente simbolizar varios "objetos" dentro de un mismo modo, y utilizar un solo método para todo el sistema de lo real.

Syn-Appsize!® simula leer la mente. No todo el tiempo, pero lo hace. Esta coordinación es posible ya que el sistema almacena no solo las búsquedas previas, sino también las instancias de "causalidad fortuita" que el usuario percibe a través del ordenador. La *mente humana* es predecible, el límite de la condición normal del ser lo define así. Si a uno le preguntan si "quiere tarta de frutilla" y

---

[8] El concepto de "causalidad fortuita" es introducido con mayor amplitud en el libro "Sobre durmientes y jugadores" de mi autoría. Pronto a la venta.

uno responde "dos más dos son cuatro", tal vez se trate de una respuesta de "budismo zen", pero lo más probable es que el ruido haya interferido en la emisión/recepción de información.

Mediante *Syn-Appsize!®* el usuario podrá acceder a contenidos moldeados específicamente para él. El servidor compila la información de preferencia del usuario y crea una alter realidad en la que el usuario es el protagonista. Por ejemplo, en una publicidad de aerolinas, en lugar de ver a un modelo posando para la foto, se verá a si mismo en el lugar de destino. Además los *portales web* lo recibirán siempre como si fuera el mejor cliente. Lo llamarán por su nombre, le ofrecerán ofertas que sí le interesen, descartando cualquier otra oferta publicitaria que no este registrada como de su agrado.

La *lectura de mentes*, es a su vez una forma de forzar. La Internet de **InterFighter®** es publicitariamente más atrayente, ya que hace que cada cliente disponga de lo que desee con solo clikear, pero también sugiere, ya que para *Syn-Appsize!®* el proceso de emisión/recepción es simultaneo.

El fenómeno de lectura de la mente es un *simulacro*, pero eso no quita que sea algo digno de ser aprovechado como herramienta tanto publicitaria como de enseñanza. Tanto para crear tendencias como para revolucionar el pensamiento. La mente virtual de **InterFighter®** lo hace posible.

Capítulo Cuatro: "De cómo *Syn-Appsize!®* aprende".

Ya hemos echado un vistazo a grandes rasgos de cómo piensa *Syn-Appsize!®*. Ahora veremos como aprende.

La mente virtual del sistema de inteligencia artificial[9] no solo puede inferir respuestas[10] a solicitudes del usuario. Una característica fundamental de **InterFighter®** es que aprende de sus usuarios. ¿A qué me refiero con aprender? Tal vez quede más claro con el homófono aprehender (agarrar, asir, etc.). Aprehender también significa concebir la especie de una cosa sin hacer juicio de ella, sin afirmar ni negar[11]. **InterFighter®** "captura" significados, aprende estructuras sintácticas; posee una amplia base de datos de referencia mundial, mediante la cual optimiza sus *estructuras sinópticas*. Como vimos en el cuadro del capítulo dos, la mente virtual de **InterFighter®** asimila el

---

[9] Artificial: De artificio, que no es real.
[10] Respuesta: Emisión de información.

[11] **Microsoft® Encarta® 2007. © 1993-2006 Microsoft Corporation. Reservados todos los derechos.**

ruido en la comunicación, y simula las etapas de conciencia del humano. ¿Cuáles son estas etapas?

Durante la vida diaria no estamos ciento por ciento lúcidos, no somos verbalmente correctos y, al hablar, cometemos errores de todo tipo. Asimilación de fonemas[12], saltos de un tema a otro, referencias a deícticos no especificados etc. *Syn-Appsize!®* no está al margen de estas características de los usuarios y las aprehende también. Al crear **InterFighter®** se admitió que la mente humana dista mucho de la estructura de un libro donde cada palabra será un testimonio para la posteridad. La lengua hablada en las últimas décadas, se ha traspasado al lenguaje escrito por medio de las salas de chat, mensajería instantánea y demás. La nueva visión de texto contempla las características de los usuarios. El texto como legado para la posteridad ha pasado a segundo plano. Lo importante, lo valioso, es la información (sin contemplar a la escritura como un arte). El lenguaje escrito parece ser específico e imparcial, pero existen niveles de imparcialidad. Toda palabra escrita está ocupando el lugar que podría ocupar otra palabra; solo con esto ya tenemos un rasgo de subjetividad por parte del texto. Todo texto es testimonio de un pensador subjetivo. Aquí es donde las demás aplicaciones de **InterFighter®** cobran vida.

---

[12] Fonema: Referente a un sonido o ruido emitido con el aparato fonético (boca, garganta, lengua, etc).

Las tres aplicaciones básicas de **InterFighter®** son las siguientes:

1) *Guess what!®*
2) *My meaning!®*
3) *Gnosis!®*

Cada una de estas aplicaciones tiene un rasgo de subjetividad que la define, siempre dentro del campo de la inteligencia artificial. Las aplicaciones serán detalladas en capítulos posteriores.

Siguiendo con el tema del capítulo, *Syn-Appsize!®* aprende mediante un simulador de error humano. ¿Por qué se debe simular un error?

La mente es matemática hasta cierto punto. Solo lo es en un nivel básico, salvo en casos excepcionales. Si nos dijeran (por ejemplo) que el señor X camina desnudo por la calle los días lunes siempre y cuando la suma de dos enteros positivos sea siempre positiva, esto nos llevaría a un ciclo de iteración deductiva hasta dar con la respuesta, pero más allá de si uno sabe o no si es verdad que la suma de dos enteros positivos es siempre positiva, al evocar al señor X paseando desnudo los días lunes es inevitable imaginarlo paseando desnudo los días lunes. Este fenómeno se lama *preterición*. La preterición es decir que no se va a nombrar lo que se está nombrando (una especie de pseudo paradoja). *Syn-Appsize!®* conoce estos mecanismos de la mente ya que su sistema de pensamiento está basado en *estructuras sintácticas* en un primer nivel, en *significados* en un nivel más alto y en *metalenguajes* que se potencian al infinito a medida que la inteligencia artificial avanza.

La *mente virtual* suprime los detalles sobrantes (siempre y cuando se esté usando una aplicación que así lo disponga) y brinda una síntesis del significado puro de una expresión. En el caso del señor X la mente virtual inferirá que se trata de un chiste, caso que sería distinto en otro tipo de mente virtual que trataría de resolver primero la incógnita de "si pasa a pasa b". Este tipo de pensamiento intelectualista dentro de una conversación cotidiana dejaría a los usuarios locutores fuera de la recreación conversacional, cosa que no sucede en la vida real (aunque la computadora podría resolver el enigma en micro segundos, se está intentando exponer como simula el error de pensamiento que es fuente del entendimiento humano).

En una charla real, cualquier palabra puede ser antecedente para cualquier otra. Aquí es donde la lógica de un ordenador sin **InterFighter®** no funciona. No sabe enlazar términos de acepciones lejanas, cosa que la mente humana hace todo el tiempo.

Por ejemplo:

Relacione la palabra

PERRO

A la palabra

CARTEL.

Un humano sabe que la conexión puede ser fortuita. Un ripio[13], por ejemplo.

"El PERRO miraba el CARTEL".

Mejor

"El CARTEL mostraba la foto de un PERRO".

---

[13] Ripio: **4.** Palabra o frase inútil o superflua que se emplea viciosamente con el solo objeto de completar el verso, o de darle la consonancia o asonancia requerida.

Microsoft® Encarta® 2007. © 1993-2006 Microsoft Corporation. Reservados todos los derechos.

O tal vez dentro de una definición dentro de la mente del usuario:

Cartel: Emblema que muestra o indica. Ej. "Cuidado con el PERRO!".

Aparentemente lo que no se puede recrear es la capacidad de asociación creativa de la mente, pero al ver que esta asociación es meramente caprichosa, sabemos que cualquier término del lenguaje está asociado con cualquier otro a priori.

Lo que se ha buscado hasta el cansancio es crear un algoritmo que recree esta "adaptación al sistema cognitivo" que es propia de los humanos. Pero ¿Qué es lo que llena el espacio de salto de un término a otro? ¿Cuál es la lógica que usa? La respuesta es simple: NO utiliza una lógica definida. La mente humana llena los huecos sinápticos con conexiones aleatorias que definen patrones simples y repetitivos. Cuanto más común es el usuario, más fácil es encontrar el patrón que utiliza para crear sus "saltos sinápticos". Así *Syn-Appsize!®* crea el *simulacro de pensamiento* mediante *imputs* de estructuras simples que llenan huecos lógicos entre *significantes*. Mediante estructuras paradigmáticas y coordinación sintagmática, los ordenadores aprenden a hablar como humanos, a escribir como humanos, y además de las ventajas de pensar matemáticamente, pueden lograr lo que ha sido el sueño de tantos. Un programa que cree contenidos a lo largo de su uso. Contenidos muy parecidos a lo que crearía su usuario, ya que todo lo que este dice por escrito (además de las páginas que visita) va a parar a un *corpus de inteligencia global.*

Otra función de *Syn-Appsize!®* es crear significados visuales para la comprensión de textos en otros idiomas. Son los ideogramas del siglo XXI. Mediante el análisis de las reacciones de los usuarios ante determinadas imágenes, la mente virtual puede aislar significados parciales y sumarlos en una imagen (significado) que sintetice un *significado más complejo.* Y como tanto pregunta como respuesta son (para la mente virtual) una pregunta, la interconexión de imágenes se desarrollará en un sin fin de envío y recepción (cliente-servidor) de significados, recreando finalmente lo más parecido al cerebro humano hasta el momento. *Syn-Appsize!®* no solo es inteligente[14], además aprende y crea. Así es básicamente como la *mente virtual* funciona.

---

[14] Inteligir: Diferenciar.

Capítulo Cinco: "*Guess what!®*".

Ya se ha hablado de esta aplicación en el capítulo cero, no obstante, veamos un poco más a fondo en que casos es propicio utilizarla.

La aplicación *Guess what!®* es un simulador de inteligencia artificial en *modo consola*. Esto quiere decir que podemos seleccionar texto de una página Web, por ejemplo, y pedir a *Guess what!®* una interpretación especificando el nivel de *inteligencia artificial* que requerimos (16 bits, 32 bits, etc.). El nivel de inteligencia especifica también el nivel subconsciente del ordenador. Una inteligencia de nivel bajo (16bits) dará interpretaciones erróneas de texto sacado de su contexto. Al incrementar la potencia de la *máquina de inteligencia virtual*, se incrementan las posibilidades de acierto en el intento de "adivinar" a qué se refiere el fragmento de texto, texto completo, imagen, etc.

La aplicación básicamente es un intérprete virtual de textos e imágenes. Si usted no entiende algo, simplemente pregúnteselo a su ordenador. Diviértase realizando preguntas complejas a un simulador de poca inteligencia o deléitese con las explicaciones más acertadas, analíticas, o irónicas de la inteligencia artificial actualizada día a día.

A lo largo del desarrollo de **InterFighter®** la aplicación *Guess what!®* crecerá y en un futuro se podrán realizar preguntas en tiempo real al ordenador, mediante el teclado, o un programa de reconocimiento de voz.

El *ordenador inteligente* es una realidad con *Guess what!®,* una aplicación versátil, lúdica e interesantísima de **InterFighter®,** el programa que hace de su ordenador un profesor de conocimiento ilimitado…

Capítulo Seis: "*My meaning!®*".

My meaning!® es la segunda aplicación que **InterFighter®** nos presenta. Veamos de qué se trata.

Básicamente si el usuario utiliza esta aplicación está requiriendo que el sistema le brinde el significado del texto más cercano a las acepciones utilizadas por dicho usuario. Esta herramienta brinda la dosis justa de subjetividad que un buscador puede ofrecer. Apelando a la compilación de recursos utilizados por el usuario, *My meaning!®* crea una descripción exacta del texto, en un meta-texto presentado, ya sea en fragmentos explicativos que ayudan a la redacción, así como también textos completos referidos a otras fuentes. *My meaning!®* es la visión del usuario. Está siempre acorde a las tendencias de opinión de dicho usuario y a demás utiliza el poderoso motor virtual *Syn-Appsize!®* que hace de esta aplicación una maquina de creación y diseño virtual. Lo que el usuario recibe es texto, y en el caso de que así lo requiriera el usuario, se puede implementar material audio visual, escenarios virtuales, simulación de realidad en entornos 3D y mucho más.

My menaing!® ahorra tiempo cuando se trabaja bajo presión. Una buena configuración logrará que el sistema se acerque exponencialmente al umbral de error cero tan deseado dentro del ámbito computacional. La visión que *My meaning!®* Brinda sobre un texto es similar a un reporte escolar, a un ensayo, a una parodia y demás géneros, según la opción seleccionada. A su vez dichos textos brindados por la herramienta contienen hipervínculos en cada palabra, definiciones en cada frase, síntesis en cada palabra y sinopsis en textos completos.

My meaning!® es la herramienta fundamental para el estudiante, el oficinista, la secretaria, el escritor, el creativo, etc. Esta herramienta no tiene límites ya que su desarrollo es constante y se actualiza *on-line*. En opciones avanzadas, *My meaning!®* ofrece comparaciones coherentes con el léxico del usuario. Esta es una herramienta que ahorra tiempo, ya que la síntesis como tal pasa a ser un "método" aplicable a un texto, pudiendo ahorrar un tiempo considerable al proceso de creación de cualquier tipo de comunicación tato verbal como visual, o audiovisual. *My meaning!®* no solo resume, analiza al modo del usuario, cita, refuta, y realizará mil acciones más a medida que su desarrollo llegue y avance a la etapa de madurez del proyecto **InterFighter®**. *My meaning!®* es inteligente, pero a diferencia de *Guess what!®*, el primero brinda acepciones *customizadas*. Si usted es estructuralista, las definiciones de *My meaning!®* tendrán esa tendencia. Algunas veces el texto final solo necesitará una pasada de lectura para chequear que todo esté en orden, pero a medida que crezca su parentesco con *Syn-Appsize!®*, la herramienta le brindará textos originales con copyright del usuario. Usted solo debe buscar los temas de los que quiere hablar (por ejemplo) en su ensayo. *My meaning!®* realiza el ensayo por su cuenta, y con la ayuda de *Guess what!®* lo aconseja para que su texto, presentación, desarrollo, etc. Sean acordes al paradigma actual, o la cosmovisión, ya sea que se trate de un texto académico o profano. *My meaning!®* es una frontera más que la informática ha derribado en el desarrollo de la mente. Los ordenadores no son los mismos con **InterFighter®,** los usuarios tampoco. La complejización del escenario se ve acompañada por la complejidad de pensamientos de los internautas. Sus textos se enriquecerán, tendrán más contenido, más referencias incluso desconocidas por usted. Y así, mediante el solo hecho de sentarse frente a un ordenador estará creando significado, que a su vez será respuesta de diferentes conflictos cognitivos de otros usuarios a lo largo del mundo. *Up-Grade Your Mind!* No es un simple slogan publicitario. Mediante esta herramienta (y otras) de **interFighter®** su mente logrará desarrollar todo su potencial. Sus proyectos se concretarán en breve, para pasar al plano que definitivamente le interese más allá de las típicas obligaciones. Tendrá más tiempo libre. **InterFighter®** no ofrece aplicaciones para realizar deportes por ejemplo. Aproveche su tiempo y utilícelo para desarrollar actividades lúdicas más complejas, para meditar, para hacer arte. Un simple proyecto bien puede ser organizado por una máquina, no sea que nos pasemos la vida empujando pesadas cargas cuando hace tiempo ya se ha inventado la rueda.

Capítulo Siete: "*Gnosis!®*".

La siguiente aplicación de **InterFighter®** es *Gnosis!®* Clickeando en esta aplicación el sistema nos lleva a una interpretación más intelectual o académica. *Gnosis!®* es el lado formal de **InterFighter®**. Es una potente herramienta empresarial que suplanta frases simples por frases más estilizadas. Por ejemplo en la frase:

"Las mujeres que no se casan hasta los 40 años es casi seguro que quedan solteras".

Podría ser adaptada mediante Gnosis!® de la siguiente manera:

"El saber popular cree que un alto índice de mujeres en promedio de 40 años en adelante, tiene pocas (si no es que ninguna) posibilidad de casarse o de conseguir una pareja estable[...]. Tal vez se deba a la imposibilidad de procrear que es producto del período menopáusico de la mujer, aunque hay quienes afirman que las mujeres de edad avanzada tienen mucho más bagaje sociohistórico tal como la maternidad, malas experiencias con parejas[...]. "

La diferencia es abismal, se nota al la vista.

Gnosis!® No solo intelectualiza frases y textos. Combinado con *Syn-Appsize!®* puede dar diferentes enfoques tales como religioso (catolicismo, budismo, brahmanismo, ateísmo, etc.), histórico cultural de diferentes partes del mundo, filosófico, antropológico, psicológico etc.

Otra rama de la aplicación se dedica a la apreciación de contenidos desde un punto de vista sentimental (es como si uno pudiera remitirse a las mente de millones de usuarios con solo clickear!). Si usted está enojado puede traducir el texto:

"Las mujeres que no se casan hasta los 40 años es casi seguro que quedan solteras".

A (opción Enfado):

Las mujeres no se casan porque se hacen las exquisitas. Si tiene cuarenta y no está casada por algo debe ser[15]. O te crees que esas viejas operadas no tienen tipitos deseosos de estar con ellas. Son resentidas sociales. No hay otra.[16]

---

[15] Deixis no especificada!
[16] Se aprecia el lenguaje informal y coloquial, además del enfado.

Con *Gnosis!®* se puede crear una *multidimensionalidad mental,* donde opiniones contradictorias coincidan, se crucen. Se puede disertar con uno mismo. Además de ser divertido es muy útil para la redacción. Para buscar expresiones coloquiales, formas de pensar, tendencias, pautas más usadas. Esta herramienta y su desarrollo tampoco tiene un límite en sí. El usuario pone el límite. La mente pasa a un plano desde el que contempla como lanzando la primera bola, el texto cobra vida. **InterFighter®** es la experiencia audiovisual más impresionante del mercado, solo necesita instalarse y correrse. El resto lo hace **InterFighter®**.

Capítulo Ocho: "Customizar el ordenador es ganar un cliente!".

Las aplicaciones cliente/servidor son por lo general simples programas que corren desde un Server sin instalar el programa en la PC. Sin embargo está comprobado que lo que el usuario busca es customisar la visión de las páginas que visita. Algunas páginas poseen esta característica, pero son las menos las que así lo hacen. Por lo general no hay mucho esmero en la parte gráfica, y si solo viéramos el código HTML notaríamos la precariedad de estos sitios. Básicamente una página de Internet es un texto con algunos hipervínculos y si tenemos suerte unos links a otras páginas de nuestro interés. Creo que es un poco anticuado.

Ya que modificar una a una las páginas del mundo sería una tarea prácticamente imposible hemos desarrollado una idea para modificarlas a todas con solo un programa. Dicho programa es **InterFighter®**. El texto hiper activo que nos brinda este programa es una herramienta que revoluciona el concepto de navegación por Internet.

Las pantallas que **InterFighter®** ofrece están en constante movimiento. Generando contenido a cada paso. Mientras *Gnosis!®* brinda una síntesis de lo leído, usted podrá pedir consejo a *Syn-Appsize!®* para hacer un resumen; información sobre cómo jugar un video juego; tutoriales sobre cualquier tema; Etc. Todo esto desde un ordenador doméstico. Es prácticamente increíble. No es una tarea fácil, pero tampoco es imposible. La mente virtual gana clientes y ese es uno de los objetivos fundamentales de crear aplicaciones y programas, que estos se difundan y logren aceptación general.

InterFighter® gana clientes porque:

1) Es una herramienta nunca antes vista.

2) Se customiza a la altura del usuario.

3) Posee un simulador de inteligencia virtual.

4) Da respuestas independientes a preguntas puntuales desde diferentes puntos de vista.

5) Realiza síntesis de textos como lo haría un gran profesor.

6) Brinda definiciones y acepciones al instante.

7) Genera una nueva forma de ver al texto, de un modo sincrónico usted leerá a Borges, y al mismo tiempo un fragmento del texto lo remitirá a algo que leyó en una Newsletter y dispondrá de esa información de inmediato.

8) **InterFighter®** hace las veces de profesor ya que razona con el usuario.

9) Es una compañía y divertimento en todo momento.

10) Está al alcance de los ordenadores promedio del siglo que comienza.

InterFighter® es una forma de ganar clientes y esto atañe a cualquier empresa que desee invertir en publicidad ya que la herramienta es creadora de tendencias, sugiere lo que el cliente necesita, y si su empresa es buena y ofrece un buen producto, **InterFighter®** lo ofrecerá a la venta.

Las soluciones de **InterFighter®** son parte de los primeros pasos de una nueva informática donde lo cognitivo, lo social, lo mental y lo espiritual se unen para generar las raíces del hombre nuevo; un hombre sin fronteras, de un solo lenguaje: el de la armonía y la genialidad para crear proyectos mediante el uso de ordenadores. **InterFighter®** es el futuro, y también, el futuro del futuro!

Capítulo Nueve: "El aprendizaje con profesor virtual".

Siempre me gustó aprender de los libros. De hecho la mayoría de mis conocimientos proviene de los libros y no de aplicaciones prácticas. Con respecto al *profesor virtual,* sin embargo, hay un punto en el que el libro muestra sus flaquezas: no es capaz de responder y hacer eco a las preguntas de los estudiantes.

Syn-Appsize!® tomado como un profesor virtual es una *herramienta audio visual óptima* para el desarrollo tanto de niños como de adolescentes y adultos. El profesor virtual de *Syn-Appsize!®* responde en cuestión de segundos a preguntas que muchas veces nos llevan años responder. El profesor virtual de **InterFighter®** es ameno, genial y jamás se cansa. Se lo puede consultar tanto en medio de la noche como durante todo el día. Es un amigo incansable que proporciona referencias en un *continuum multidisciplinario* sin fin.

No olvidemos que esta herramienta posee los ideogramas creados para definir conceptos (preguntas). Esta es una cuestión difícil de explicar. Para que se hagan una idea de cómo funciona esto de los ideogramas, imagínense que la palabra "caballo" (que no tiene una relación causal con su significado) fuera una imagen. Ahora imaginen que uno quisiera decir "fiesta de caballos". *Syn-Appsize!®* crearía un significado (imagen visual) para dicha expresión. Esta es la gran sorpresa de **interFighter®** ya que son pocos los que saben de qué estoy hablando.

En síntesis, el *profesor virtual* es el programa en sí y sus múltiples aplicaciones. Al usar **InterFighter®** quiérase o no se está aprendiendo una nueva dimensión de la mente. La *mente global* pasa a ser la *mente común*, tal vez esto acarree la unión de las personas mediante la adquisición de un lenguaje unificado (el inglés por ejemplo). Lo que sí es cierto es que esta es una herramienta útil para cualquier persona que desarrolle actividades en el ámbito social, creativo y lúdico. El profesor virtual lo espera, de usted depende si comienza su entrenamiento ahora.

Capítulo Diez: "**InterFighter®** es el futuro…".

Según mi punto de vista, en el futuro las computadoras piensan. Un autor, no recuerdo quién ahora (tal vez Borges) dice que no se pueden diferenciar dos puntos dados en una línea infinita, ya que no hay referencias fijas. Basándome en esta acepción del concepto de infinito, me atrevo a esbozar un nuevo concepto de tiempo. El tiempo *diacrónico* (que es un invento del hombre para medir sus metas, objetivos y logros) es reemplazado por el tiempo *sincrónico*. En mi universo futurista, la *realidad virtual* hace posible que el hombre sea Realmente multitarea. El hombre del futuro no percibirá los hechos desde el presente, rememorando el pasado y planeando el futuro. Pasado, presente y futuro ocurrirán al mismo tiempo. Pero ¿Cómo será esto posible? La *mente virtual* de los ordenadores podrá estimular a la vez diferentes áreas del cerebro, que de otra forma se manejarían a través del tiempo y no en sincro.

Lo sincrónico será la nueva dimensión. Vivir un **universo** en un segundo será posible mediante *Multi-Verse!®*. Esta aplicación se podrá adquirir en el futuro e instalar para ser una parte importante de **InterFighter®**. La aplicación *Multi-Verse!®* estará destinada a crear la sensación de vivir en varios universos a la vez. Jugar video juegos y trabajar al mismo tiempo será posible. El trabajo parecerá un juego y solo estaremos en el modo *Uni-Verse*, cuando verdaderamente realicemos una acción que sea de nuestro absoluto agrado. La vida se vivirá *on-line*; ya hoy se vive así.

Otra de las aplicaciones futuristas de **InterFighter®** es *Treasure off it!®* Es el diario íntimo del siglo XXI. **InterFighter®** recoge información con el consentimiento de los usuarios y la archiva en un *corpus mundial.* Esta aplicación tendrá verdadero valor, por ejemplo, de aquí a quinientos años. Cuando alguien busque información de un gran autor, celebridad, genio, pariente, etc. *Treasure off it!®* le brindará no solo la información del abatar solicitado, sino que también le brindará su bitácora, su diario íntimo.

Estas son solo dos de las infinitas aplicaciones de **InterFighter®** en el futuro. No por nada el *slogan* reza:

InterFighter® es el futuro, y también el futuro del futuro!

Capítulo Once: "La realidad virtual se torna real".

Lo que el lector no ingenuo se estará preguntando es: ¿Qué tanto hay de real y de posible en estos escritos sobre **InterFighter®**? ¿Está esta realidad al alcance de los programadores actuales?

La respuesta es: Todo proyecto ambicioso parece imposible en un principio. Las reglas de lo real lo moldean para que esté acorde a las capacidades técnicas del momento. Imagínense al hombre de principios del siglo XX escuchando sobre Internet y sus avances. Simplemente lo creería imposible. La mente lo hace posible. Una vez logrado se verá posible.

En tanto a realidad virtual nos referimos, tal cosa ya existe y es de uso cotidiano. Lo virtual de atender una llamada telefónica es que lo que escuchamos no es la voz del locutor sino una repetición de baja calidad. También está lo "virtual de lo real". Todos sabemos de esas estrellas que están tan lejos en el espacio que lo que percibimos de ellas es su luz, aunque hayan muerto hace millones de años. En todo está lo virtual.

Ya el útero materno era un universo virtual. Percibíamos a través del líquido amniótico, ¡y ni imaginábamos lo que faltaba por descubrir! Así es lo virtual del día de hoy. Lo futuro es tan desconocido que la mente ni siquiera puede imaginarlo. **InterFighter®** no es solo un programa de computación, es la herramienta que romperá cualquier barrera entre nuestros sueños y nosotros.

Lo virtual de hoy ya asombra, educa y entretiene. Las personas interactúan en un universo paralelo, donde no importa casi ninguna característica física. Lo intelectual es la moneda del futuro. La idea es el cheque al portador del siglo XXI.

Este universo paralelo apenas está abriendo las puertas de lo que vendrá. Algún día se verá a **InterFighter®** como a un dinosaurio al que estudiar. Por ahora y por mucho tiempo será el futuro. Tal vez sea como esas raíces latinas de ciertas palabras que se acuñaron hace tanto tiempo, y que prevalecen aún. No lo sé. Lo que sí es cierto es que la propuesta de acción de **InterFighter®** no es como nada que se haya visto antes. Una mente virtual es posible. El mundo virtual ya existe, y existía antes de los ordenadores. Los robots ya ensamblan autos en las líneas de producción. El futuro tan ansiado está aquí.

La propuesta de **InterFighter®** es simple, y sus aplicaciones son infinitas. *Lo virtual* es ahora gran parte de *lo real*.

Capítulo Doce: "¿Cómo se piensa?".

¿A qué me refiero con esta pregunta? Aquí vemos como una sola línea de pregunta puede acarrear una repuesta de dimensiones extraordinarias. A continuación veremos una breve explicación de cómo piensan los humanos.

El ser humano piensa cíclicamente. Los ciclos son períodos que repiten una secuencia de sub-pensamientos. Estos ciclos se repiten, aunque los significantes varíen, los meta-significados prevalecen. Cuanto más largos son los períodos cíclicos, parece haber un mayor grado de inteligencia. Se podría decir que un ciclo básico de un día de duración es el que define al "programa" para dormir y estar despiertos. Este ciclo es (por lo general) de un día en los humanos, más allá de alteraciones del sueño o turnos rotativos en los trabajos, etc.

La periodicidad de los ciclos nos brinda una sensación más grata del simulacro de lo real. El tener pensamientos sobre cosas que ya conocemos es uno de los factores que nos mantienen lúcidos. Para poder desplazarnos y realizar acciones variadas, debemos pensar en hechos cotidianos. Si cada vez que fuéramos a subir a un auto tuviéramos que

Inventar la rueda, simplemente no lo resistiríamos y nos volveríamos locos. La locura, desde este punto de vista, es una prolongación de los ciclos de pensamiento en la que no hay coordinación entre el ser y el entorno. Simplemente no comprende lo que percibe.

En cambio, la forma de pensar de una computadora *virtualmente inteligente* no es cíclica, tampoco es redundante. Las computadoras obvian lo que ya saben para pasar a un nuevo *conocimiento*. Un ciclo iterativo de pensamiento en una computadora *virtualmente inteligente* la volvería (por así decirlo) loca, o "técnicamente" inoperante.

Pero ¿Cómo se sortea el pasaje entre los ciclos de pensamiento del humano y el veloz aunque poco creativo pensamiento de la máquina? Creando un simulador de ciclos.

La simulación de ciclos dentro de **InterFighter®** está a cargo de *Syn-Appsize!®*. ¿Cómo funciona este simulador de ciclos? Hasta ahora hemos visto que el pensamiento humano se diferencia del tipo de operatividad de un ordenador, básicamente en que el humano repite etapas del pensamiento continuamente. Digo ahora que estas etapas llamadas ciclos se repiten hasta que la operación deseada se completa. Aquí nos acercamos más al famoso *if, else* de los ordenadores.

Lo que el simulador de ciclos hace es no cerrar jamás una etapa de pensamiento, dejando siempre la posibilidad de actualizar dicha etapa y retornando a la misma siempre que pueda. Dada la altísima capacidad de memoria de un ordenador, es posible tender a pensar que mediante este simulador de ciclos el mismo se volverá mucho más inteligente que un humano. La respuesta es no. Mediante este método solo se simula la inteligencia. Parece ser que los ciclos en los humanos son realmente muy pocos, y que los *meta-significados* tienen un altísimo grado de complejidad en las personas de mayor edad.

El simulador de ciclos no puede integrar los conocimientos de la forma en la que el cerebro humano lo hace. Para que esto fuera posible, primero se debería encontrar una fórmula que sintetizara el *corpus de conocimiento mundial* en una sola percepción *Gestáltica*. Recién en ese punto se podría simular una *poda sináptica mundial* que diera al ordenador la capacidad de pensamiento de un niño recién nacido.

Aunque esto se lograra, faltaría aún el *propósito del ordenador.* Es decir, para que el ordenador realmente piense en lugar de solo simularlo, necesitaría tener un *propósito de ser* y aunque las opiniones sobre los propósitos en los humanos están divididas, la única opción posible sería dar:

O un número limitado de *propósitos* a elegir aleatoriamente por el ordenador, lo que cancelaría el concepto mismo de *propósito*.

O un número ilimitado de *propósitos* a *elección aleatoria.*

El problema es que la *elección aleatoria* no existe. Solo existen simulacros de *elección aleatoria.* Toda elección que un ordenador realice será en una última instancia generada por un humano.

Estas son básicamente las reglas del "Cómo se piensa", y las ventajas e imposibilidades de simular el pensamiento humano.

Capítulo Trece: "El lenguaje sináptico, el gran avance".

La sinapsis aplicada a los procesos de asimilación de datos en un ordenador, es decir la simulación de sinapsis, es posible gracias a *Syn-Appsize!®*. De cómo funciona el lenguaje sináptico en los ordenadores hablaré en unos instantes. Solo quiero dejar en claro que la simulación de pensamiento (como se ha visto en capítulos anteriores) está lejos de lo que el pensamiento real de un humano es.

Cuando un ordenador utiliza el lenguaje sináptico lo hace de la siguiente forma:

1) Se basa en conceptos paradigmáticos que son infranqueables, es decir que no se pueden explicar sin caer en una redundancia (tal como ocurre con las definiciones de los diccionarios).

2) Reproduce conexiones "a través del tiempo" cuando en el cerebro las conexiones se dan en un momento determinado del tiempo.

3) La sinapsis en el ordenador conecta métodos para concretar acciones, la mente humana piensa en abstracto incluso al realizar acciones. El cerebro usa estructuras, el ordenador no puede adquirir la

arquitectura creciente del cerebro. El fin último del cerebro es conectar la mayor cantidad de conceptos entre si.

La sinapsis virtual parece tener muchas fallas. La simulación de sinapsis no tiene nada que ver con la sinapsis neuronal. Lo que nos da la sensación de sinapsis es el resultado del proceso, no la forma en la que se concreta.

Cuando el ordenador inteligente intente escribir poesía basado por ejemplo en la estructura de:

"Mariposa de ensueño, te pareces a mi alma…"

Y escriba:

"El chancho sucio de mi dormir se asemeja a tu cuore…"

Será también válido, aunque el ordenador difícilmente llegue a comprender la impericia de un poeta que utiliza la palabra chancho en una poesía para compararlo al corazón de alguien. Además nos preguntaremos qué es dormir para un ordenador, ¿Qué es un sueño para una máquina?

La capacidad creativa de un ordenador está basada en lo aleatorio. Esto es un error. La capacidad creativa en los humanos se basa en la experiencia y en un cambio de perspectiva para plantear la solución a un problema. El "breaktrough" está siempre relacionado a una reiteración de conceptos que aparecen a lo largo de un período de tiempo hasta que el "innovador" aplica dicho concepto a un nuevo ámbito, en el que parecía que dicho concepto no encajaba.

El simulador de pensamiento *Syn-Appsize!®* basa sus aprendizajes en conceptos globales en vez de en métodos particulares que son los ladrillos que componen a un programa. El simulador pone primero el título y luego recrea, de esta manera basa sus creaciones en un concepto global (complejo si se quiere) pero siempre único. *Syn-Appsize!®* no prescinde de los métodos. Los sintetiza. Los conceptos son la herramienta más poderosa de *Syn-Appsize!®.* Un concepto engloba significados que interactúan entre sí recreando el concepto y actualizándolo segundo a segundo.

El pensamiento simulado de *Syn-Appsize!®* es lo más parecido al pensamiento humano y, aunque simule pensar, se podría decir que todo pensamiento es un simulacro de pensamiento. Lo real en tanto que inconmensurable, nos limita a establecer nuestras posiciones de interacción en el plano de lo virtual. Y en lo virtual los simulacros son la realidad.

Capítulo final: "El futuro y los robots".

Los robots serán el salto de lo virtual hacia lo real. Ya sabemos que los robots son utilizados a diario (por ejemplo) en las líneas de producción y montaje de automóviles. El robot del que yo hablo es otro tipo de robot. El robot *inteligente*.

El robot inteligente será capaz de cumplir funciones que incomodan a los seres humanos, por ejemplo funciones de limpieza, trabajos de minería, viajes espaciales y demás. Este será el comienzo del robot inteligente. Mediante **InterFighter®** el robot pasará a ser una compañía en la casa. Algún iluso imaginará una abolición de la esclavitud de los robots. Yo no quiero llegar tan lejos.

Para que el robot inteligente funcione con propiedad necesita de una máquina de pensamiento independiente (offline). No puede depender de la Internet para realizar todas sus acciones, y sería un gran riesgo para los humanos dotar a los robots con un sistema de comunicación global. Piense el lector en el poder que tendría quien pudiera comandar a estos robots. Piense en los robots usados como arma de guerra, etc. Los resultados serían terroríficos.

La utilidad del robot inteligente debe ser preestablecida mediante leyes de construcción responsable. De todas formas, tarde o temprano el robot inteligente y liberado llegará a las calles. Tal vez sea lo mejor.

Solo puedo decir que la inteligencia artificial es un arma muy poderosa, que funciona en el ámbito de lo virtual (que cada vez se torna más real). Creo que darle a la inteligencia artificial un "brazo" dentro de lo real sería el principio de una revolución tecnológica donde, el hombre como creador solo debería ver que resultados produce su invención.

En conclusión: **InterFighter®** es una nueva herramienta mediante la cual el hombre podrá sobrepasar las barrera de lo cognoscible; definir nuevas metas en tanto a lo intelectual; descubrir respuestas a incógnitas y misterios; pensar un nuevo mundo acorde a la realidad del mundo virtual en el que los seres humanos nos estamos adentrando día a día. La experiencia **InterFighter®** parece no tener límites. Su mente lo hace posible. La creación está al alcance de su mano. El futuro es un peldaño que alcanzamos ya, busquemos qué es lo que sigue. Solo usted sabe lo que busca. Piense, dé nombre a lo imposible; pronto será posible mediante **InterFighter®**.

www.ingramcontent.com/pod-product-compliance
Lightning Source LLC
Chambersburg PA
CBHW080604180526
45168CB00007B/2775